David Ikanyi

Reacções em cadeia da polimerase

David Ikanyi

Reacções em cadeia da polimerase

ScienciaScripts

Imprint

Any brand names and product names mentioned in this book are subject to trademark, brand or patent protection and are trademarks or registered trademarks of their respective holders. The use of brand names, product names, common names, trade names, product descriptions etc. even without a particular marking in this work is in no way to be construed to mean that such names may be regarded as unrestricted in respect of trademark and brand protection legislation and could thus be used by anyone.

Cover image: www.ingimage.com

This book is a translation from the original published under ISBN 978-620-2-05914-5.

Publisher:
Sciencia Scripts
is a trademark of
Dodo Books Indian Ocean Ltd. and OmniScriptum S.R.L publishing group

120 High Road, East Finchley, London, N2 9ED, United Kingdom
Str. Armeneasca 28/1, office 1, Chisinau MD-2012, Republic of Moldova, Europe
Printed at: see last page
ISBN: 978-620-7-89276-1

Copyright © David Ikanyi
Copyright © 2024 Dodo Books Indian Ocean Ltd. and OmniScriptum S.R.L publishing group

Conteúdo

Resumo

A reação em cadeia da polimerase (PCR) é muito utilizada em genética molecular. Implica a amplificação de uma única cadeia de ADN em milhões de fragmentos de ADN semelhantes. Envolve três fases em cada ciclo. Repete-se até cerca de 30 ciclos. Este método é vital, uma vez que é utilizado em vários processos, como a identificação molecular, a engenharia genética e a sequenciação. As três fases de cada ciclo têm duração e temperatura variáveis. Um termociclador está envolvido na regulação da temperatura em várias fases. Ao longo do tempo, foram efectuadas várias modificações à técnica PCR para que possa ser aplicada em funções específicas. A PCR tem ajudado no diagnóstico de doenças e noutras numerosas aplicações. Num futuro próximo, a PCR será avançada e talvez substituída por técnicas melhores. No entanto, a PCR continuará a ser fundamental para os futuros avanços da genética molecular.

Capítulo 1

1.0 Introdução

A reação em cadeia da polimerase (PCR) é amplamente utilizada por cientistas em bioquímica e biologia molecular. Assim, a sua essência não pode ser subestimada no desenvolvimento da análise genética e da manipulação de genes. A técnica foi criada por Karry Mullis no início da década de 1980. Implica a amplificação de um único ou vários fragmentos de ADN em milhões de cópias idênticas de ADN. O processo é efectuado através de um número repetido de ciclos que variam entre 30 e 40. Isto resulta numa reação em cadeia. A máquina automatizada utilizada no processo de ciclagem é um termociclador. Esta regula a temperatura em várias fases através da elevação e redução frequentes da temperatura, dependendo da fase da PCR (Verkuil, Belkum & Hays, 2008). Os materiais necessários na técnica de PCR incluem modelos de ADN que contêm a sequência alvo que é amplificada, ADN polimerase, primers e trifosfatos de desoxinucleótidos (dNTPs).

Existem várias polimerases de ADN que podem ser utilizadas no processo de PCR. A polimerase de ADN Pfu, extraída de Pyrococcus furiosus, e a polimerase Taq, derivada da bactéria Thermis aquaticus, são normalmente utilizadas. Estas polimerases de ADN são estáveis a temperaturas elevadas; assim, não é provável que sejam desnaturadas em comparação com a polimerase de ADN de Escherichia coli que foi utilizada inicialmente. A polimerase de ADN de E. coli tem uma temperatura óptima de 37ºC, pelo que é lábil a altas temperaturas. A sua utilização obrigou à adição de mais polimerase de E. coli no início de cada ciclo. No entanto, a introdução destas últimas polimerases de ADN termicamente estáveis simplificou e aumentou a eficiência da amplificação por PCR devido a uma maior especificidade do alvo de ADN. Este processo consiste em três fases, nomeadamente: desnaturação, recozimento e extensão.

A temperatura aplicada em cada fase é variável. A técnica PCR tem muitas aplicações vitais que vale a pena mencionar. A reação em cadeia da polimerase tem sido amplamente utilizada na recolha de impressões digitais de ADN, mutações, correspondência genética, diagnóstico de doenças genéticas, agrupamento de organismos, rastreio pré-natal e descoberta e desenvolvimento de medicamentos. Além disso, é também utilizada na ciência forense para deter criminosos, bem como em testes de paternidade ou de maternidade.

1.0.1 História da PCR

O desenvolvimento da PCR é creditado a vários cientistas que se juntaram em várias capacidades durante a década **de 1980** (Buguliskis, 2016). No entanto, o seu desenvolvimento foi precedido por uma série de eventos, especialmente aqueles que se centraram na própria molécula de ADN.

Os eventos seguintes descrevem as fases de descoberta e os cientistas envolvidos.

Em **1953,** dois cientistas, James Watson e Francis Crick, fizeram uma descoberta sobre a molécula de ADN que mostrou a existência de duas cadeias que consistiam em bases complementares que corriam em direcções opostas. Este facto foi designado por dupla hélice. Esta descoberta criou a base do método PCR, possibilitando a cópia das cadeias na molécula. Esta descoberta valeu-lhes um Prémio Nobel no ano de 1962.

Nos **anos 50,** outro cientista chamado Arthur Kornberg estudou o método de replicação do ADN e, em 1957, identificou a enzima envolvida no processo. A única limitação desta enzima era o facto de criar um suporte replicando-o de um só lado, pelo que necessitava de um iniciador. Com esta descoberta ganhou um Prémio Nobel em 1959.

No início dos **anos 60,** um cientista chamado Gobind Khorana descobriu a existência de um código genético. Não se ficou por aí, mas deu um passo em frente ao investigar a forma de sintetizar um genoma humano. Isto abriu caminho para a síntese e utilização dos oligonucleótidos de ADN, que são os blocos de construção dos genes. Ganhou um Prémio Nobel em 1968.

Em **1969**, Thomas Brock descobriu a polimerase do ADN, mais concretamente a Taq polimerase. Isolou-a de uma espécie de bactéria conhecida como Thermus aquaticus nas termas do Parque Nacional de Yellowsone. Tem sido a polimerase de ADN padrão devido à sua capacidade de resistir a temperaturas elevadas durante a desnaturação.

Fredrick Sanger, em **1977,** relatou um método de determinação da sequência de ADN que envolvia uma enzima ADN polimerase, um iniciador e um precursor nucleotídico. Foi galardoado com o Prémio Nobel em 1980. Nesse ano, todos os componentes necessários para o método PCR eram conhecidos. Nesta altura, a ADN polimerase estava a ser utilizada para produzir o ADNc para fins de clonagem.

Kary Mulis foi então contratado pela Cetus Corporation em **1979** para ajudar a desenvolver oligonucleótidos para a investigação da empresa.

Em maio de **1983,** a corporação iniciou a análise de uma mutação ocorrida num gene presente numa doença genética humana. O trabalho foi confrontado com o desafio de localizar um local específico num gene que estava mutado. Numa investigação mais aprofundada, Mulis pensou em adicionar mais enzima polimerase para produzir uma reação em cadeia durante a replicação de um segmento específico do gene. Começou por testar a sua ideia sem termociclagem, pensando que as polimerases produziriam uma reação em cadeia por si só. Mais tarde, utilizou as técnicas de termociclagem com pequenos fragmentos e considerou-a um sucesso. No entanto, não obteve apoio de outros investigadores.

Mais tarde, a empresa descobriu que a amplificação era possível, mas que estava a visar nucleótidos incorrectos. Mulis, juntamente com outros cientistas, tentou resolver este problema desenvolvendo primers e polimerases apropriadas. Estes produtos estavam então a ser analisados utilizando a técnica de Southern blotting. Com a ajuda de outros cientistas, Kary Mullis descobriu o método PCR. Mais tarde, ele deixou a corporação e ganhou um Prémio Nobel em 1993.

1.1 Componentes daPCR

Para que a reação em cadeia da polimerase tenha lugar, devem estar presentes os seguintes componentes (Shafique, 2012).

- **Modelo de ADN** - Este é um dos componentes mais essenciais da PCR. Na cadeia de ADN, um modelo é reconhecido como uma sequência específica que precisa de ser copiada. É também conhecido como o ADN alvo. Durante a investigação, começa-se por fazer uma pesquisa exaustiva para determinar a sequência genética das características alvo desejadas. Uma vez identificada uma cópia intacta, a amplificação torna-se mais fácil. O modelo de ADN deve ser tão puro quanto possível para evitar a contaminação de outras fontes.

- **Primers** - São oligonucleótidos que existem como segmentos curtos de cerca de 18-24 bases. O seu papel principal é marcar a região do ADN que precisa de ser amplificada, o que significa que os primers devem ser complementares às extremidades dos primers do modelo escolhido. Também se ligam ao ADN e marcam a porção do modelo em que a enzima ADN polimerase irá trabalhar de modo a sintetizar uma nova cadeia.

- **DNA polimerase - Esta** é uma enzima que desempenha o papel de amplificação na sequência modelo para formar várias cópias. A amplificação ocorre quando a enzima incorpora vários nucleótidos ao modelo para formar novas cópias. Existem diferentes tipos de DNA polimerases que são seleccionadas com base na sua capacidade de resistir a temperaturas elevadas durante os processos de desnaturação. A polimerase de ADN mais utilizada é a Taq polimerase, que é estável a uma temperatura de até 95 graus. A descoberta da Taq polimerase levou à automatização do processo de PCR e, posteriormente, à clonagem e modificação da enzima para produzir outras semelhantes.

- **Trifosfatos de desoxinucleósidos** - São nucleótidos utilizados pela ADN polimerase para formar novas cópias. Contêm grupos trifosfato que são essenciais para o emparelhamento e a formação de cadeias.

- **Tampão-.** Nos meios de reação, existem vários sais e iões que podem alterar o pH. Para que a enzima polimerase funcione eficazmente, deve ser mantida uma determinada gama de pH para evitar a desnaturação. A solução tampão é o componente que mantém o ambiente químico no qual a enzima DNA polimerase trabalha.

- Os catiões **divalentes** - iões Mg estão normalmente presentes na reação e desempenham vários papéis. Em primeiro lugar, actuam como cofator da enzima DNA polimerase. Em segundo lugar, aumentam a duração da interação entre o iniciador e o modelo. Em terceiro lugar, os iões formam complexos estáveis com as bases de desoxinucleósidos trifosfatados, aumentando a sua incorporação.

- **Água** - Funciona como a matriz fluida na qual as reacções têm lugar. É preferível água ionizada altamente purificada para evitar a transferência de qualquer outro ADN contaminante de fontes indesejadas.

- **Os catiões monovalentes de potássio** também estão presentes na reação.

1.2 Etapas realizadas na reação em cadeia da polimerase

Durante a reação em cadeia da polimerase, são realizadas três etapas em cada ciclo. Estas são repetidas até cerca de 30 ciclos. Estas fases implicam uma mudança de temperatura e uma duração diferente em cada fase. A temperatura nestas fases varia em função da quantidade de iões divalentes, da ADN polimerase e dos iões divalentes utilizados. Algumas polimerases de ADN utilizadas requerem temperaturas elevadas, até 98° C, para serem activadas, o que provoca esta variação. Além disso, os primers fundem-se em diferentes pontos, dependendo da relação entre as ligações citosina-guanina e as ligações adenina-timina. As ligações citosina-guanina são fortes, uma vez que envolvem três ligações de hidrogénio, enquanto a

última tem duas ligações de hidrogénio. Assim, os primers com uma relação mais

elevada entre a citosina-guanina e a adenina-timina requerem mais energia para se

desfazerem.

Trata-se das seguintes fases

1) . Inicialização

Esta fase é feita para as polimerases de ADN que necessitam de ser activadas por

elevação da temperatura. É essencialmente realizada através da utilização de PCR de

arranque a quente em polimerases que necessitam de temperaturas elevadas para a

sua ativação. A PCR de arranque a quente é um tipo avançado de PCR que inativa a

DNA polimerase a temperaturas mais baixas, de modo a evitar a amplificação não

particular da sequência alvo de DNA. É efectuada a uma temperatura entre 94 e 98oC

durante cerca de um a nove minutos.

2) Desnaturação.

O objetivo é obter um modelo de ADN de cadeia simples que sirva de material de

partida para a amplificação dos fragmentos do sítio alvo. Isto é conseguido através da

introdução de calor a cerca de 94 - 98° C no termociclador durante cerca de trinta

segundos. As temperaturas elevadas quebram as ligações de hidrogénio formadas

entre as várias bases nucleotídicas correspondentes que unem as duas cadeias,

formando assim cadeias simples de ADN.

3) Recozimento

O passo de recozimento requer uma temperatura mais baixa para garantir que o iniciador se liga à sequência alvo correspondente. No entanto, deve ser um pouco mais elevada para garantir que o recozimento dos primers é específico. A temperatura aplicada nesta fase é de cerca de 55° C a 60° C. Esta temperatura é cerca de 5° C inferior ao ponto de fusão dos primers. Formam-se ligações de hidrogénio extremamente fortes quando os iniciadores se ligam a bases nucleotídicas correspondentes específicas. Esta fase decorre durante cerca de 20 segundos. Em seguida, a ADN polimerase inicia o alongamento da sequência de ADN alvo através da utilização de vários trifosfatos de desoxinucleótidos.

4) Alongamento da sequência de nucleótidos do ADN alvo.

A etapa de alongamento depende da DNA polimerase. A temperatura utilizada nesta fase depende das condições óptimas de funcionamento da polimerase do ADN. A Taq polimerase, que é mais utilizada, funciona otimamente a 76-80° C. Por conseguinte, é utilizada uma temperatura de 73° C para uma atividade enzimática óptima. Alonga a nova cadeia por adição de trifosfatos de desoxinucleótidos que correspondem a bases nucleotídicas no modelo de ADN na direção 5' -3'. Isto é conseguido através da condensação do grupo 5-fosfato presente na base nucleotídica com o grupo hidroxilo 3' presente nas bases nucleotídicas do modelo de ADN. Isto leva à formação de ligações de hidrogénio entre o molde e a nova sequência alvo alongada. A duração do alongamento depende do tamanho da sequência de ADN alvo e da eficiência das enzimas. No entanto, em condições óptimas, cada etapa de alongamento conduz à duplicação dos modelos de ADN, provocando assim um aumento exponencial da sequência alvo de ADN.

5) Alongamento final.

O principal objetivo desta etapa é garantir que não fica nenhum ADN de cadeia simples sem ser estendido. É efectuada após o ciclo final da reação em cadeia da polimerase. É efectuada durante cerca de 10-12 minutos a uma temperatura de cerca de 73 - 74⁰ C **6) Retenção final**

É feito para o armazenamento temporário da reação. É efectuada durante um período de tempo não especificado a5- 14° C.

Após a conclusão do processo global de PCR, a amplificação da sequência de ADN alvo é confirmada através da utilização de eletroforese em gel de agarose. O conceito de gel de agarose implica a utilização de uma escada de ADN que tem fragmentos de diferentes tamanhos. Os produtos da reação em cadeia da polimerase são separados com base nos seus vários tamanhos e comparados com a escada de forma a determinar se a cadeia alvo foi amplificada.

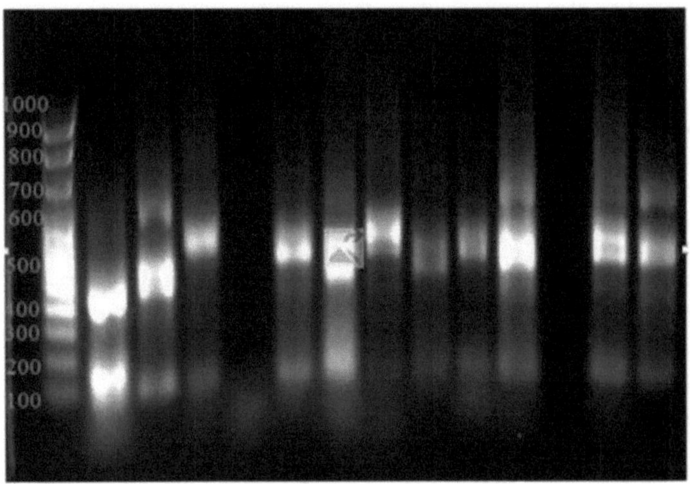

É uma imagem visualizada da eletroforese em gel de agarose. A utilização de brometo de etídio permite a visualização.

Permite determinar o tamanho dos vários produtos de ADN presentes na PCR.

L - Representa a escada de ADN que tem cerca de 1000 pares de kilobases de ADN.

1-10 - Representa tamanhos variáveis de fragmentos de ADN que foram produtos de PCR cujos tamanhos são determinados com base na Ladder.

A determinação dos vários tamanhos dos produtos da reação em cadeia da polimerase ajuda a concluir se os fragmentos de ADN alvo foram amplificados de forma óptima.

1.3 Otimização da PCR

Por vezes, a técnica de PCR pode não ser bem sucedida devido a várias razões.

Tal deve-se ao aumento da sensibilidade da reação. Por conseguinte, torna-se

delicada para as impurezas que podem ser introduzidas durante as várias fases da

PCR. Reduz a especificidade dos iniciadores para a sequência alvo. Por conseguinte, para garantir uma eficiência e especificidade óptimas, foram introduzidas várias técnicas.

1) . Modificação da concentração do tampão

A maioria dos tampões contém Tris 10 mM e cloreto de potássio. A ligação do iniciador é reforçada pelo KCl. No entanto, quando a concentração de KCl é superior a 50 mM, impede o funcionamento da DNA polimerase. Assim, a utilização de tampões em determinadas concentrações optimiza o processo global de PCR. Além disso, podem ser utilizados outros tampões, como glicerol, gelatina, Triton X-100, BSA, Tween 20 e DMSO, para aumentar a especificidade dos iniciadores. No entanto, a alteração da sua concentração afecta também a atividade da Taq polimerase.

2) . Regulamentação dos requisitos de ciclismo.

Na fase de desnaturação, a Taq polimerase tem de ser activada através da utilização da PCR de arranque a quente. Para tal, é necessária uma temperatura de cerca de 94oC. Esta assegura que a atividade da ADN polimerase é iniciada para que possa funcionar. A temperatura utilizada na fase de recozimento é inferior a 5oC do ponto de fusão do iniciador, de modo a evitar a sua destruição. O aumento da temperatura na fase de recozimento diminui o rendimento e o aumento da temperatura diminui a especificidade. Por conseguinte, é aplicada a temperatura óptima de 55oC.

3) . O número de ciclos de PCR

Teoricamente, o produto da amplificação do ADN aumenta exponencialmente. O número de fragmentos de ADN produzidos é dado pela seguinte fórmula: 2n = número de sequências de ADN alvo. O número de ciclos é representado pela letra n.

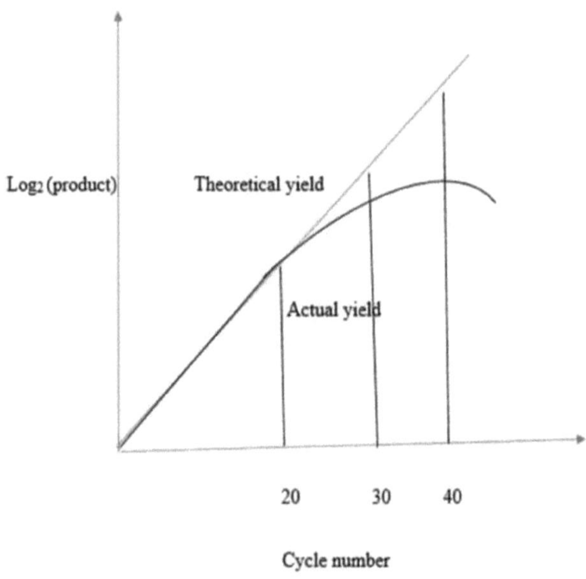

The graph above shows the plateau effect in PCR amplification.

O número de ciclos efectuados na PCR é normalmente de 20-30 ciclos. A Taq polimerase tem uma semi-vida de cerca de 30 minutos a 95oC. Cada ciclo de PCR tem uma fase de desnaturação que utiliza a temperatura de 94° C durante um minuto. Assim, em 30 ciclos, há 30 minutos de exposição da enzima polimerase a 94° C (Shafique, 2012). No 30.º ciclo, a Taq polimerase é metade da quantidade original. Este facto reduz o rendimento da PCR progressivamente à medida que o número de ciclos aumenta. Por conseguinte, é importante utilizar apenas um máximo de 30 ciclos em cada processo de PCR.

4) . Utilização do cloreto de magnésio na ligação do iniciador

O cloreto de magnésio é essencial para o recozimento do iniciador. Além disso, afecta o ponto de fusão do modelo de ADN, os dNTPs, a especificidade no recozimento dos iniciadores e do modelo de ADN. Por último, afecta a atividade e a especificidade da enzima. Uma concentração elevada provoca uma redução da especificidade, enquanto que níveis baixos de magnésio diminuem o rendimento global. Por conseguinte, a concentração de magnésio deve ser superior à de dNTPs.

5) . Conceção do iniciador.

O tamanho do iniciador utilizado não deve ser superior a 30 sequências de nucleótidos, enquanto o teor de C e G deve ser de 40-60% do total de bases. Isto permite a quebra da cadeia dupla formada na etapa de desnaturação subsequente. Enquanto que nas extremidades 3' deve haver um CG, GC ou C ou de modo a assegurar a formação de ligações fortes.

1.4 Como conceber primers de PCR

O método PCR requer um elevado nível de especificidade dos primers utilizados (Schegloff, 2007). A conceção dos primers baseia-se nos seguintes factores:

Sequência do iniciador - a sequência 3' terminal de um iniciador é essencial para a especificidade da PCR. As bases nucleotídicas nas extremidades devem ser escolhidas de forma adequada, de modo a que a timidina esteja ausente na extremidade, uma vez que pode conduzir a um erro de ligação em comparação com outros nucleótidos. A presença de três ou mais nucleótidos de guanina e citosina conduz a um recozimento não específico do iniciador em causa. A sequência do iniciador deve também ser verificada quanto à sua complementaridade com outras bases da cadeia de ADN.

Ao introduzir um determinado tipo de mutação na cadeia, é importante utilizar bases no iniciador que sejam semelhantes às da cadeia.

Quando as bases do iniciador formam pares entre si, forma-se um "hair loop pin" e não se conseguem ligar corretamente à cadeia de ADN. Foram desenvolvidos programas informáticos para verificar a complementaridade das bases do iniciador com o objetivo de a corrigir.

Comprimento do primer - O comprimento ideal do primer para uma eficiência óptima da PCR é de 18-30 bases. O número de bases varia consoante a complexidade do modelo de ADN. Um primer de comprimento curto tem uma grande probabilidade de se ligar a um ou mais locais do genoma onde se liga. Isto ocorre quando é utilizada uma cadeia complexa

Concentração do iniciador - **A** concentração óptima do iniciador é de 0,1-0,5 microgramas. No entanto, o método PCR funciona melhor quando a concentração é de cerca de 0,2 microgramas. Concentrações elevadas de iniciadores conduzem a um erro de preparação, replicando assim os genes não necessários. Também resulta na produção de produtos não específicos.

Com base nas directrizes acima referidas, um iniciador adequado é constituído por 18-30 nucleótidos, tem uma concentração de 0,2 microgramas e tem menos de três bases de guanina ou citosina nas extremidades terminais.

1.5 Variantes dePCR

Ao longo do tempo, o método PCR foi modificado de modo a aumentar a rapidez e a especificidade do procedimento. No entanto, as variações são por vezes efectuadas de modo a adequar-se a determinadas aplicações no diagnóstico e na investigação (Badilescu & Packirisamy 2011). Seguem-se as variantes efectuadas na PCR:

1. PCR inversa

Este processo envolve a síntese de uma sequência de ADN conhecida a partir de uma sequência desconhecida. É mais aplicável no caso de genomas ocultos. O processo é efectuado através da restrição da sequência conhecida com duas sequências desconhecidas. Uma vez restringida a sequência, esta sofre ciclização com nova restrição. A ciclização ocorre na presença de muitos outros fragmentos. A sequência é finalmente clivada por ligases para obter a molécula alvo pretendida nas extremidades terminais da cadeia de ADN.

2. PCR quantitativa/em tempo real

A técnica envolve a amplificação e a quantificação da amostra de ADN. É única, uma vez que utiliza métodos de sondas fluorescentes e corantes inespecíficos e, ao medir a presença da amostra-alvo, amplifica-a imediatamente. Estas sondas contêm uma molécula fluorescente e um inibidor em extremidades opostas. Enquanto a luz está a ser transmitida, ocorre a replicação da sequência alvo. A ADN polimerase presente remove sequencialmente as bases da sonda. A luz é então transmitida para o repórter fluorescente para contar e determinar as bases presentes na sequência.

3. Transcrição reversa da reação em cadeia da polimerase

A reação é utilizada na amplificação de moléculas de ARN. É uma reação por etapas que envolve primeiro duas etapas. Na primeira reação, a enzima transcriptase reversa é utilizada para transcrever o ARN para a molécula de ADN complementar. A molécula resultante é então utilizada como modelo para outra técnica de amplificação subsequente. A reação é utilizada para expressar diferentes níveis de ARN e tem sido de grande importância para o diagnóstico e estadiamento de doenças metastáticas.

4. Montagem (Polymerase Cycling Assembly ou PCA) PCR

Esta técnica utiliza oligonucleótidos longos que são concebidos para produzir ADN longo

moléculas. Também envolve segmentos curtos que se sobrepõem aos oligonucleótidos, pelo que são utilizados primers únicos. Estes iniciadores contêm uma sobreposição que cria um produto suficientemente longo para formar o comprimento de ADN necessário.

5. DigitalPCR

Este é um dos tipos de reação mais precisos. Neste caso, as quantidades de ácido nucleico são quantificadas com precisão, o que é conseguido através da partição da amostra global e não das amostras de reação individuais. As sequências na amostra de moléculas inteiras são, portanto, determinadas de uma só vez.

6. **PCR específica para metilação**

Esta variação centra-se no padrão de metilação de aminoácidos. O objetivo é converter a citosina não metilada em uracilo através da utilização de bissulfito de sódio. O objetivo é converter a citosina não metilada em uracilo através da utilização de bissulfito de sódio. Quando o uracilo se forma, pode aderir facilmente à adenosina, formando pares com os iniciadores da PCR. No entanto, a reação destina-se a modificar apenas uma molécula de citosina que se liga a um dos componentes do iniciador. A outra molécula de citosina permanece intacta no outro iniciador durante o recozimento. A amplificação das moléculas resultantes ocorre então.

7. **MultiplexPCR**

Envolve a amplificação simultânea de mais do que um fragmento de ADN numa única reação. São incluídos muitos pares de iniciadores na mistura de reação. A sua principal aplicação é a determinação de toxinas ou contaminantes numa única amostra. O investigador utiliza a sequência alvo conhecida para determinar resultados falsos ou normais. Quando se utiliza mais do que um iniciador, é sempre necessária uma otimização minuciosa.

8. ColóniaPCR

Envolve a utilização de células bacterianas que são introduzidas na mistura de PCR. Para libertar o ADN, as temperaturas de recozimento e de desnaturação são prolongadas e encurtadas, respetivamente.

9. PCR de alta fidelidade

É neste caso que o produto requer um elevado grau de pureza. Nestes casos, são utilizadas polimerases de alta fidelidade na reação. As polimerases também se ligam seletivamente à sequência alvo com um elevado grau de especificidade.

10. PCR de arranque a quente

Isto implica a utilização de anticorpos que bloqueiam a Taq polimerase no início da reação. Por conseguinte, a Taq polimerase é libertada no final do processo de desnaturação. Isto deve-se ao facto de as temperaturas elevadas desprenderem os anticorpos, impedindo o bloqueio da polimerase.

11. **A PCR aninhada envolve a** utilização de dois pares de iniciadores. O primeiro conjunto estica a molécula da cadeia de ADN enquanto o segundo conjunto amplifica a sequência alvo a partir do produto resultante.

12. A PCR quantitativa **em tempo real** quantifica o ADN amplificado em cada ciclo, fornecendo o número total de cópias na amostra e o produto final. A quantificação é efectuada utilizando o corante verde SYBR, que se liga ao ADN de cadeia dupla, conduzindo a um aumento da emissão fluorescente. O sinal do

corante SYBR aumenta no caso de uma maior libertação de amplicões. O método PCR também utiliza a sonda Taq man que contém um supressor e um repórter fluorescente.

13. **A PCR de contacto** envolve a modificação da temperatura de recozimento inicial, tornando-a mais elevada do que o normal. Neste tipo de reação, procede-se a um aumento de 3-5 graus na temperatura. Em cada ciclo subsequente, a temperatura é reduzida com o mesmo intervalo de graus. O aumento da temperatura leva a uma maior especificidade de ligação do iniciador nas fases iniciais do ciclo. Por outro lado, as temperaturas baixas aumentam a duração da amplificação após um aumento da concentração do iniciador.

14. **O splicing por PCR de sobreposição** tem como objetivo a inserção de mutações em porções específicas da sequência alvo. O ADN é dividido em fragmentos após a introdução de iniciadores que são complementares aos fragmentos resultantes.

15. **A PCR com miniprimer** é utilizada em eucariotas para prolongar os primers curtos para comprimentos de primers mais longos. O objetivo é aumentar a ligação do iniciador à sequência alvo para melhorar a amplificação. No entanto, os iniciadores curtos podem ainda aceder ao local da cadeia.

16. **A PCR específica de intersequências** é principalmente utilizada na recolha de impressões digitais para amplificar regiões-alvo de ADN entre sequências simples. Tal deve-se ao facto de os segmentos das impressões digitais de ADN se sobreporem.

1.6 Modificações da técnica PCR

As modificações da PCR têm sido efectuadas progressivamente desde a sua descoberta. Estas modificações permitiram a sua utilização em vários processos, como a análise de mutações genéticas. As modificações incluem

Técnica de PCR quantitativa - em tempo real, o objetivo desta PCR é determinar a quantidade de ADN alvo ou sequência de ARN amplificada (Cohn, Russell, 2012). Dispõe de um termociclador especializado que mede a quantidade de produtos resultantes da amplificação na fase exponencial. Implica a utilização de corantes fluorescentes para quantificar a quantidade de ADN ou ARN amplificado.

Análise multiplex - Utiliza muitos primers que têm diferentes alvos de ADN. Assim, é possível a amplificação de dois ou mais alvos numa única reação. Esta técnica tem sido utilizada na análise genética para detetar mutações genéticas e variações genéticas entre indivíduos.

PCR assimétrica - Este método de PCR utiliza apenas um iniciador na replicação do ADN. No entanto, pode utilizar dois primers, em que um primer é aplicado em quantidades limitadas no termociclador. Após o esgotamento do primer limitado, o recozimento do outro primer em excesso aumenta progressivamente. O objetivo deste tipo de PCR é produzir um ADN de cadeia simples. É normalmente utilizado na sequenciação de cadeias de ADN...

PCR de número variável de repetições de tandem (VNTRs) - Esta técnica de PCR centra-se nas regiões que apresentam diferenças de comprimento. A utilização da eletroforese em gel determina os tamanhos da PCR. Este método é amplamente utilizado na impressão digital de ADN.

Processo de ciclagem da polimerase PCR - Este método envolve a síntese de longas cadeias de ADN a partir de muitos fragmentos pequenos que se sobrepõem.

1.7 Aplicações do métodoPCR

1) . Ciência forense - Na maioria dos casos criminais, apenas pequenas quantidades de ADN podem ser obtidas como prova. Por conseguinte, os cientistas forenses utilizam a PCR para amplificar os pequenos fragmentos de ADN em milhares de fragmentos de ADN. É utilizada para associar suspeitos a um determinado crime.

2) . Diagnóstico de doenças - Tem sido utilizado no diagnóstico de doenças infecciosas. Permite a deteção de vírus, bactérias e micobactérias através de matrizes de cultura de tecidos. Permite diferenciar entre genes patogénicos e não patogénicos. Além disso, também tem sido utilizado no diagnóstico de vários tipos de cancro, como os linfomas e a leucemia. É conseguido através da utilização de matrizes de PCR que analisam vários genes malignos ou locais de transformação nas células.

Ajuda no diagnóstico de doenças de Alzheimer - A matriz PCR permite a identificação de

84 genes que são responsáveis pelo início e progressão das doenças. É possível através da utilização da técnica de PCR em tempo real. Os genes envolvidos incluem aqueles que levam à inflamação e à neurotoxicidade.

3) Análise das enzimas e dos transportadores envolvidos no metabolismo dos medicamentos

Cerca de 84 genes estão envolvidos no metabolismo de hormonas, fármacos, vários nutrientes e toxinas (Bustin, Nolan, 2013). Em casos de alteração dos genes responsáveis pelo metabolismo, resultam várias doenças do metabolismo. Os genes que codificam as enzimas envolvidas no metabolismo, como as transferases e o citocromo p450, são analisados por PCR para identificar se existem anomalias e como funcionam.

4) . Clonagem de ADN e sondas de hibridação - Estes processos requerem muitos nucleótidos de ADN. Assim, são amplificados em milhões de ADN que permitem que a clonagem e a hibridação sejam bem sucedidas.

5) . Sequenciação do ADN - Ajuda a determinar o padrão de ADN de genes desconhecidos.

1.8 Vantagens do métodoPCR

De acordo com Hughes S & Moody 207, a PCR tem muitas vantagens que são de grande utilidade para os investigadores no domínio da biologia médica. Estas vantagens incluem as seguintes

1. Rapidez do procedimento

O método PCR é de execução rápida, o que significa que é possível obter resultados no mesmo dia da apresentação da amostra. Isto permite que os investigadores obtenham rapidamente os resultados para procedimentos ou alterações adicionais. No caso das investigações, a rapidez do procedimento permite uma tomada de decisão imediata.

2. **O método PCR amplifica pequenas amostras de material genético de** tal forma que mesmo os pequenos organismos podem ser claramente identificados. Por conseguinte, é mais fácil detetar baixos níveis de contaminação da amostra.

3. **Fácil de utilizar**

O método PCR é automatizado e, por conseguinte, mais fácil de utilizar, especialmente se se tiver conhecimentos sobre o funcionamento da máquina PCR. Tudo o que é necessário é introduzir os intervalos de temperatura necessários em vários ciclos e compreender como os processos se sucedem.

4. **Exato e altamente específico**

A exatidão da PCR resulta da automatização da máquina e, por conseguinte, podem ser cometidos poucos erros. Além disso, os genes específicos codificam características específicas e estes genes são detectáveis utilizando o método PCR. Este facto não deixa espaço para resultados falsos positivos ou falsos negativos.

5. **Alta sensibilidade**

O método PCR pode ser utilizado para cultivar os organismos que não podem ser cultivados no laboratório. Os organismos podem ser detectados mesmo em níveis baixos quando começam a crescer. Isto é muito útil no caso da deteção de um organismo patogénico na investigação, especialmente um que não pode ser detectado utilizando outras ferramentas.

6. **A PCR é capaz de detetar genes de organismos vivos e não vivos**. Este facto é de grande utilidade em arqueologia, uma vez que a técnica visa os fósseis envelhecidos. No caso de incêndios, os genes dos restos de corpos queimados também podem ser identificados.

1.9 Limitações do método PCR

Apesar das muitas vantagens que a PCR tem, também tem várias limitações. No entanto, os cientistas estão a fazer investigação intensiva e a tentar eliminá-las. Algumas já mostraram potencial para serem eliminadas. De acordo com Hernandez & Gomez 2012, as limitações incluem as seguintes:

1. A PCR utiliza equipamento específico que é dispendioso e, por conseguinte, inacessível para muitos. Este facto dificulta a sua aquisição, pelo que se opta por utilizar outros métodos. Além disso, os componentes dos reagentes são muito caros, o que aumenta o custo de produção.

2. Requer formação especializada que implica competências de operação da máquina e de interpretação dos resultados. Apenas pessoas com competências podem operá-la devido à natureza complexa das especificidades do ciclo e do próprio ADN.

3. O método é suscetível de contaminação devido aos muitos componentes utilizados na reação. Os componentes podem transferir outras sequências de genes para a molécula alvo e dar resultados falsos ou negativos. Por conseguinte,

o método deve ser efectuado em condições assépticas, utilizando componentes esterilizados. Além disso, como os produtos estão a ser submetidos a vários ciclos, pode ocorrer contaminação.

4. Algumas moléculas da amostra podem conter sequências de ADN complexas que podem ser difíceis de detetar e isolar. Podem também misturar-se com outras moléculas-alvo, alterando a sua estrutura de ADN.

5. As polimerases de ADN utilizadas estão por vezes sujeitas a desnaturação e não conseguem efetuar corretamente o processo de amplificação. Este facto torna-se um desafio, especialmente quando é necessário um grande número de cópias.

6. A falta de especificidade do iniciador diminui a duração da ação da DNA polimerase. Isto deve-se ao facto de o tempo de exposição da sequência-alvo à enzima polimerase ser reduzido quando o iniciador é destacado

1.9.1 O quadro 1 apresenta as vantagens e limitações da PCR

ADVANTAGES	LIMITATIONS
Rapidly performed	Expensive
Has high sensitivity	Requires special skills
Detects both living and non-living organism genes	Procedure is prone to contamination
Can detect genes in small sample material	DNA polymerases are easily denatured
Has high accuracy	Lack of primer specificity

Capítulo 2

2.0 Medidas de controlo da contaminação por PCR

A maior preocupação de qualquer microbiologista ou investigador é a questão da contaminação, seja ela resultante da matéria-prima ou do produto final. Para evitar a contaminação do procedimento, a causa principal deve ser identificada e evitada, seguida de outras medidas para controlar o tipo de contaminação (Hu, 2016). No método de PCR, a contaminação é determinada pelo aparecimento anormal de picos nos relatórios dos programas informáticos utilizados (Stilring, 2013). Ao efetuar o método de PCR, exclui-se a possibilidade de a contaminação resultar do próprio ambiente laboratorial, como as estantes, a centrifugadora e as pipetas ou os regentes utilizados para efetuar o procedimento de PCR. Uma vez detectada a contaminação, estes devem ser os primeiros a verificar e a excluir. Por conseguinte, no laboratório, devem ser tomadas precauções para evitar a contaminação que afecta os resultados.

2.0.1 As principais causas de contaminação e as suas soluções incluem:

1. Contaminação pessoal que resulta na libertação de flocos ou bactérias humanas no produto. Isto pode ser evitado usando uma bata de laboratório limpa, uma máscara, luvas limpas que devem ser mudadas de vez em quando. Também se deve usar calçado limpo e óculos de proteção.

2. As bancadas e prateleiras do laboratório são também uma fonte de contaminação. Antes de trabalhar nelas, deve limpar-se com um agente branqueador para as manter estéreis. Se estiver disponível um exaustor laminar estéril, é preferível trabalhar a partir dele.

3. As pipetas que estão a ser utilizadas no procedimento podem ficar contaminadas na ponta. Para evitar a contaminação, é importante mudar a ponta da pipeta após a utilização e antes de a transferir para a amostra seguinte. Além disso, depois de retirar as pontas usadas, estas devem ser guardadas num recipiente específico, rotulado para guardar as pontas de pipetas usadas. É também obrigatório manter as pipetas de cabeça para baixo para evitar a contaminação das pontas. Por último, todos os procedimentos devem ser seguidos à risca no que respeita à limpeza das pipetas.

4. A contaminação por aerossóis também pode ocorrer durante o procedimento de PCR. Isto pode ser evitado de duas formas que incluem a utilização de pipetas PIPTTMAN e MICROMAN sempre sob madeiras esterilizadas.

5. A contaminação cruzada é também muito frequente quando se efectua este procedimento. Esta situação é evitada preparando a amostra de ADN, o termociclador, a montagem da PCR e a análise dos produtos em áreas separadas do laboratório.

6. Todos os reagentes e solventes utilizados no método devem ser padronizados e testados quanto à sua pureza antes de serem introduzidos na amostra.

7. Deve haver um fluxo de ar unidirecional no laboratório, assegurando que todo o equipamento se movimenta na mesma direção. Nenhum equipamento deve ser deslocado de um posto de trabalho para outro sem ser descontaminado.

A autoclavagem é outro método normalmente utilizado na descontaminação de vários equipamentos e objectos de vidro utilizados no procedimento PCR. Este é o método mais eficiente de descontaminação devido ao vapor produzido que mata todos os micróbios ou contaminantes presentes.

2.0.2 O quadro 2 mostra as técnicas de descontaminação utilizadas em vários reagentes e equipamento utilizados no método PCR

Equipment/ Reagent	Method of decontamination
DNA samples.	Use of ultraviolet radiation or bleaching solution
Aqueous solutions acids or buffers	Use of purified water
Proteins	Cleaning by use of detergents
Organic solvents	Cleaning by use of detergents
Personnel	Wearing clean gloves, garments and personal hygiene

2.1 Problemas encontrados ao realizar a Reação em Cadeia da Polimerase

Nem sempre se obtêm resultados positivos do procedimento de PCR. Tal pode dever-se a erros cometidos durante a preparação da amostra ou a adição de amostras ou reagentes. A contaminação da amostra também pode ser um problema importante que resulta na ausência de resultados adequados. Quando não são encontrados resultados, é sempre bom encontrar a causa do problema e repetir o procedimento de forma mais exacta.

De acordo com Mukai & Steinman 1996, alguns problemas encontrados durante este procedimento incluem

1. Falta do produto desejado.

Depois de realizar todos os passos, é provável que não se obtenha o produto pretendido. Há várias razões pelas quais isto pode acontecer e é muito importante informar-se sobre elas e talvez corrigi-las quando acontecer. O problema pode estar na temperatura de recozimento, que pode ser corrigida baixando-a. Depois de baixar a temperatura, o número de ciclos de recozimento também deve ser aumentado, para aumentar o tempo de ligação do iniciador e, assim, aumentar o tempo e a taxa de amplificação do ADN. Outro problema pode estar no molde de ADN inicial e a solução para este problema é diluir o molde para uma concentração inferior à concentração padrão prescrita para essa amostra específica. Também é bom verificar as concentrações dos iniciadores para afirmar que estão dentro do intervalo necessário. Além disso, o molde de ADN inicial deve ser verificado se há presença de contaminação ou outras moléculas que possam interferir com o procedimento. Quando todos estes parâmetros forem verificados e se mostrarem correctos, a alternativa final é repetir todo o procedimento.

2. Presença de bandas múltiplas na escada de eletroforese

Uma vez terminado o procedimento de PCR, os resultados dos produtos são visualizados na eletroforese em gel, que produz bandas visíveis na escada. Normalmente, detecta-se um problema quando há presença de várias bandas na escada. Isto indica que se deve verificar o modelo de ADN, uma vez que uma quantidade excessiva deste resulta na formação de bandas múltiplas. Este problema é, portanto, resolvido reduzindo o molde presente na reação. Em segundo lugar, a concentração de $MgCl_2$ deve ser variada até à concentração adequada para que não sejam visualizadas bandas múltiplas. Em terceiro lugar, devem ser utilizados poucos ciclos neste caso. Isto deve-se ao facto de o recozimento ser reduzido e, por conseguinte, o erro de preparação também é reduzido. Em quarto lugar, devem ser utilizadas temperaturas de recozimento mais elevadas porque, neste caso, há uma indicação de que os primers estão ligados a sítios de outras cadeias e não ao sítio alvo. Por último, também se pode procurar uma solução tentando utilizar um iniciador em vez de dois iniciadores na reação e tentar determinar se esse poderá ser o problema. Quando tudo isto parece não funcionar, as bandas múltiplas podem ser extraídas do gel e reamplificadas para obter outras bandas frescas das cópias.

3. Outro problema comum é a presença de bandas no branco, que é o controlo negativo. Um controlo negativo não deve produzir qualquer banda. Quando tal se verifica, é necessário analisar todos os reagentes para examinar qualquer forma ou causa de contaminação.

4. 3 O futuro da PCR e os actuais avanços na tecnologia PCR

O domínio biomédico está maioritariamente envolvido em estudos de investigação de vários processos científicos. A descoberta da PCR foi de grande importância para este domínio. Desde então, foram feitos muitos progressos. A sua descoberta está ligada a Karry Mullis, um vencedor do Prémio Nobel que introduziu a técnica de reação PCR. À medida que as diversas variações da PCR vão sendo feitas, diferentes problemas vão sendo resolvidos em diferentes campos de investigação, como a biologia molecular (Zuo & Jabbar, 2016). A técnica de PCR tem-se desenvolvido progressivamente desde a sua descoberta por

Karry Mullis. Melhorou significativamente o rastreio e a análise genéticos globais em biologia molecular. No entanto, tem sido confrontada com várias deficiências, como a inespecificidade. A redução do custo da PCR num futuro próximo vai atrair muitas empresas para o mercado. Isto conduzirá ao avanço da tecnologia, principalmente nos domínios do ambiente e do diagnóstico. A tecnologia e o desenvolvimento de técnicas científicas estão a ocorrer diariamente. Assim, com o passar do tempo, a técnica PCR está a tornar-se obsoleta. Nos tempos vindouros, o avanço da tecnologia PCR terá subido mais um degrau.

A PCR tem sido utilizada no diagnóstico de doenças através da identificação dos genes presentes numa amostra. Também tem sido utilizada para detetar doenças hereditárias. Além disso, é aplicada noutros procedimentos de investigação para identificar impressões digitais.

A clonagem de genes é outra aplicação essencial do processo de PCR que resulta na produção de células características com as características pretendidas. Isto é mais comum na investigação em que estão a ser determinadas diferentes variáveis.

O futuro da PCR está, no entanto, orientado para o seguinte:

1. Invenção de uma PCR mais rápida

Embora o método seja relativamente rápido, ainda há margem para melhorias. As melhorias podem ser efectuadas nos vários ciclos ou nos próprios procedimentos. Os investigadores estão sobretudo interessados em acelerar o processo de amplificação, de modo a que a produção de cópias de ADN possa ser mais rápida, e em reduzir a duração dos ciclos, estabelecendo eventualmente uma duração padrão em que cada ciclo será automatizado e a duração total provável estimada.

Além disso, estão a ser investigadas polimerases mais estáveis ao calor, de modo a haver uma variedade delas e também a reduzir o custo, desenvolvendo outras mais baratas. Estão também a ser feitos avanços nas enzimas da Taq polimerase que é atualmente utilizada e que provou ter as características desejadas.

2. Redução dos custos do termociclador

Embora os preços das máquinas de termociclagem tenham vindo a diminuir de ano para ano, não são acessíveis a muitos pequenos laboratórios ou a indivíduos que pretendam fazer investigação pessoal. Por conseguinte, estão a ser feitos progressos no sentido de produzir termocicladores baratos e portáteis. Quando esses termocicladores forem desenvolvidos, os custos e os procedimentos de diagnóstico serão grandemente reduzidos, especialmente para as instituições ou países que efectuam investigação. Isto também poderá salvar vidas, uma vez que será utilizado pouco tempo para efetuar um diagnóstico e formular o plano de tratamento.

3. Facilidade de utilização do termociclador

O seu objetivo é simplificar o procedimento de funcionamento do termociclador, de modo a facilitar a aprendizagem e o funcionamento da máquina sem necessidade de mais competências e formação. Este tem sido o principal obstáculo para que a maioria dos trabalhadores dos laboratórios possa efetuar o procedimento. Se não existirem conhecimentos especializados, a operação do termociclador pode ser um desafio. Estão a ser feitos progressos para garantir que todas as pessoas possam utilizá-lo livremente e adaptar-se facilmente.

4. Redução da contaminação

O método PCR envolve a utilização de canais de fluido nos quais a reação tem lugar. Na maioria das vezes, estes fluidos contêm contaminantes que interferem com o procedimento. Os avanços que estão a ser feitos têm como objetivo garantir que o processo é realizado em condições assépticas e que os componentes utilizados são de natureza estéril.

5. Melhorias na PCR digital e noutras variantes da PCR

Os investigadores estão a dar grande ênfase a este tipo de técnica de quantificação. O objetivo é permitir uma determinação mais exacta da concentração da amostra. O seu objetivo é também proporcionar exatidão, ao contrário do que acontece com outros processos de quantificação.

Devem também ser efectuados mais avanços nas variantes de PCR existentes para obter melhores resultados e melhorar o método. Estas incluem a PCR quantitativa, a PCR de transcriptase reversa e a PCR de elevada capacidade de passagem.

6. Modelos utilizados

Estão a ser feitos avanços para garantir que a reação possa usar muitos modelos ao mesmo tempo para produzir diferentes cópias de ADN. Esta é uma investigação interessante porque serão efectuados muitos testes ao mesmo tempo. Além disso, estão a ser feitos avanços para garantir a especificidade dos primers, de modo a que estes sejam desenvolvidos para atingir sequências específicas. Isto permitirá uma maior duração da ligação do iniciador, dando ao ADN tempo para o processo de replicação.

7. Sensibilidade do método PCR

Estão a ser feitos progressos na sensibilidade do método PCR. Embora seja altamente sensível, é necessário melhorar a rapidez com que lê as mensagens de pequenas amostras e prolongar o período de leitura, de modo a obter resultados exactos de uma determinada amostra.

8. Os investigadores estão também a fazer progressos na técnica de ensaio para a tornar menos complexa e fácil de executar.

Capítulo 3

3.0 Conclusão

A PCR tem-se mantido vital em muitos processos da biologia molecular. A sua aplicação em vários domínios conduziu a uma melhor compreensão da genética molecular e contribuiu substancialmente para a prestação de melhores serviços médicos. De facto, a PCR continuará a ser fundamental para o avanço da genética e da biologia molecular. A PCR trouxe luz e facilidade a muitos procedimentos biológicos e, quando forem efectuados futuros avanços, ver-se-ão cada vez mais benefícios que facilitarão o diagnóstico, as investigações e a investigação.

Capítulo 4

4.0 Referências

Badilescu, S., & Packirisamy, M. (2011). *BioMEMS: ciência e engenharia*

perspectivas. Boca Raton: CRC Press.

Buguliskis, J. S. (2016). A PCR tem uma história de simplificação do seu jogo. *Clínica*

OMICs, *3*(3), 21-24. doi:10.1089/clinomi.03.03.08

Bustin, S., & Nolan, T. (2013). *Tecnologia de PCR: Inovações actuais* (3ª ed.). CRC press.

Cohn, R., & Russell, J. (2012). *Reação em cadeia da polimerase em tempo real* (p. 88). Springer.

Hernandez-Rodriguez, P., & Gomez, A. (2012). Reação em cadeia da polimerase: Tipos, Utilidades

e limitações. *Reação em cadeia da polimerase*. doi:10.5772/37450

Hughes, S., & Moody, A. (2007). *PCR*. Bloxham: Scion.

Hu, Y. (2016). Preocupação regulamentar com a transferência da reação em cadeia da polimerase (PCR)

Contaminação. *Reação em cadeia da polimerase para aplicações biomédicas.* :10.5772/66294

Mukai, M., & Steinman, C. R. (1996). PCR in situ: suas aplicações e problemas.

Japonês

Journal of Clinical Immunology, 19 (1), 15-26. doi:10.2177/jsci.19.15

Schegloff, E. A. (2007). Organização de sequências em interação.

doi:10.1017/cbo9780511791208

Shafique, S. (2012). *Reação em cadeia da polimerase: procedimento, princípios, PCR em tempo real, otimização, aplicações, matrizes de PCR, desempenho do sistema de matrizes, protocolo, variações*. Saarbrucken: LAP Lambert Academic Pub

Stirling, D. (n.d.). Controlo de Qualidade em PCR 2013. PCR Protocols, 21-24.

doi:10.1385/1-

59259-384-4:21

Verkuil, E., Belkum, A., & Hays, J. (2008). *Princípios e Aspectos Técnicos da*

Amplificação por PCR (lsted.,p.330). Springer.

Verma, S., Kennath, S., & Sennath, S. (2012). *Polymerase Chain Reaction:*

Expedição de um

Ferramenta Ubíqua (p. 132). LAP LAMBERT Academic Publishing.

Zuo, Z., & Jabbar, K. J. (2016). PCR: Applications andAdvantages. *Clínica*

Applications of PCR Methods in Molecular Biology, 17-25. doi:10.1007/978-

1-4939- 3360-0_2

Printed by Books on Demand GmbH, Norderstedt / Germany